LE P. VALLÉE
DE L'ORDRE DE SAINT-DOMINIQUE

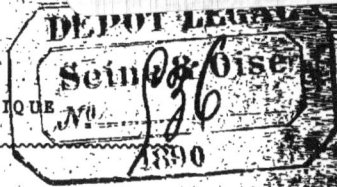

SAINT DOMINIQUE

DISCOURS

PRONONCÉ LE 4 AOUT 1890

DANS

LA CHAPELLE DE LA RUE DU BAC

AUX BUREAUX DE L'ANNÉE DOMINICAINE

94, RUE DU BAC, PARIS

SAINT DOMINIQUE

7351

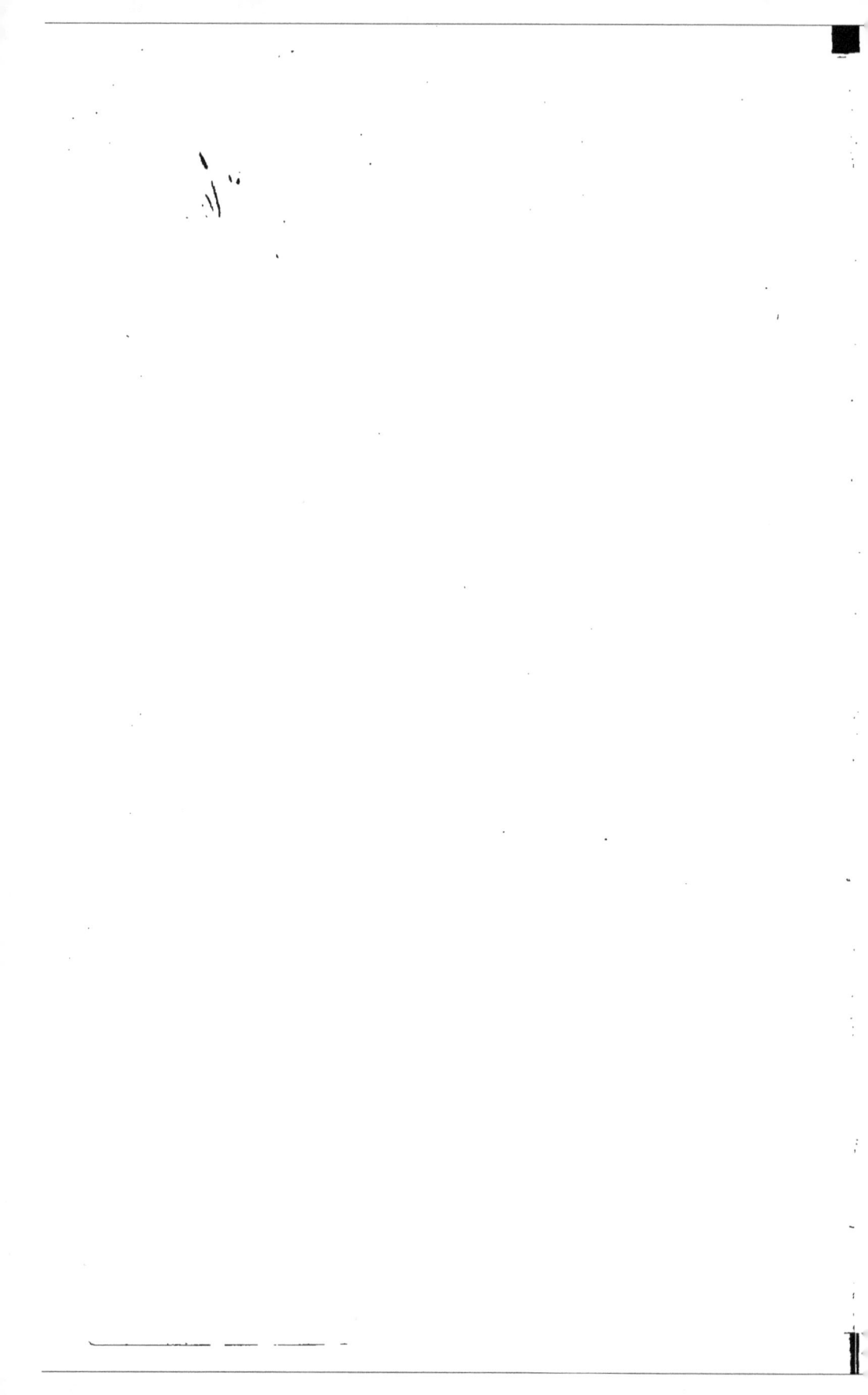

LE P. VALLÉE
DE L'ORDRE DE SAINT-DOMINIQUE

SAINT DOMINIQUE

—

DISCOURS

PRONONCÉ LE 4 AOUT 1890

DANS

LA CHAPELLE DE LA RUE DU BAC

———◇◇◇◆◇◇◇———

AUX BUREAUX DE *L'ANNÉE DOMINICAINE*

94, RUE DU BAC, PARIS

—

Lectum et approbatum :

Fr. Ant. VILLARD, Fr. Thomas FAUCILLON,
Mag. in Sacra theologia.   Ex. Provinc.

Imprimatur :

Fr. Thomas BOURGEOIS,
Prior Provincialis.

Ego ad hoc veni ut testimonium
perhibeam veritati (1).

MES FRÈRES,

A l'heure la plus solennelle de sa vie ter-
restre, Notre-Seigneur en résumait toute
l'histoire par ces mots : « Je suis venu pour
rendre témoignage à la vérité. » Et, en
effet, durant sa vie entière, par toute parole, tout regard, tout contact, à sa mort
surtout, Notre-Seigneur Jésus-Christ avait
été le témoin de Dieu, le témoin des rap-
ports qui doivent exister entre Lui et nous
et du mouvement de paternité qui en a
décidé ainsi. Son témoignage vivra jusqu'à
la consommation finale. Aujourd'hui encore,
vous ne pouvez ouvrir l'Evangile, reprendre
les mots que Jésus-Christ nous a laissés,

---

(1) *Evangelium sancti Joannis*, cap. xviii, v. 73.

méditer ses actes, et surtout le suivre au chemin sanglant de son Calvaire, sans que ce témoignage à la vérité divine dont il a parlé n'éclate à vos yeux.

Eh bien, mes Frères, il y a un être qui continue Jésus-Christ témoin de la vérité : c'est l'Apôtre. Si nous nous recueillons en effet devant les premiers Disciples du Christ, devant saint Jean, devant saint Paul, nous les voyons, eux aussi, par tout acte et toute parole, par toute leur vie, par le martyre sanglant qui l'a couronnée, contresigner la vérité divine et mettre en pleine clarté la paternité de Dieu; ils ont la science qui fut la science du Christ; ils y communient de pleine âme et la traduisent à tous.

Depuis ces grands témoins, je ne sais pas s'il y en eut jamais dans l'Église de plus haut, de plus achevé, de plus magnifique que notre père saint Dominique. Lui aussi a été Apôtre par toute sa vie, par le rayonnement de tout son être, en sa vie comme en sa mort.

*
* *
*

Qu'est-ce donc qu'un Apôtre, mes Frères, et que faut-il pour sacrer ainsi, au regard de tous, un fils de notre race ?

D'abord, il faut une âme qui ne soit pas commune; puis il faut une pensée grave et haute assez pour ne pas fuir ces problèmes que notre nature à tous nous pose, et que si peu parmi nous, hélas! ont l'ambition de pénétrer; il faut une volonté puissante qui ne se laisse arrêter ni par le choc des événements, ni par les contradictions, si graves qu'elles soient, une volonté que rien n'arrête, que rien ne comprime, qui soit comme immuable en ses énergies; il faut un cœur chaud, ardent, généreux, capable d'enthousiasmes profonds; tout un ensemble de nature enfin née pour rayonner, pour agir puissamment sur ceux avec lesquels elle entrera en contact, de façon que, sans même qu'ils y songent, la lumière passe et l'œuvre efficace se produise.

Quand nous aurons tout cela, aurons-nous l'Apôtre ? Eh ! non, mes Frères. Vous n'avez là qu'un ensemble de qualités préparatoires. Vous avez assurément des dons magnifiques et qui, dans la pensée de Dieu, prophétisent déjà ce qui va venir ; mais ce qui va décider de l'Apôtre, c'est tout autre chose. L'Apôtre, nous l'avons vu, est un témoin de la vérité divine. C'est dire qu'il est, comme le Christ, un témoin de tout ce qu'il y a d'amour au cœur de Dieu pour chacun de nous ; il a mission de redire à tous ce que Jésus-Christ nous a révélé et d'en faire pénétrer toute l'intimité, toute la profondeur, toute la splendeur infinie.

Pour cela, mes Frères, il ne suffit pas d'avoir telles ou telles aptitudes humaines : il faut que Dieu se soit penché sur un être et qu'il l'ait béni d'une bénédiction à part ; il faut ce que, dans la langue de l'Église, on appelle une vocation ; oui, il faut un

appel de Dieu. Saint Paul nous le dit bien
dès le commencement de ses épitres :
« Paul, apôtre de Jésus-Christ, par la
» volonté de Dieu (1); Paul, mis à part :
» *Segregatus* (2), mis en dehors du cadre
» commun. » Pourquoi? « Parce qu'il a mis-
» sion de faire obéir à la foi au milieu de
» toutes les nations.» Comment voulez-vous,
en effet, mes Frères, que l'Apôtre puisse
faire cette œuvre, si Dieu, par les créations
mystérieuses de sa grâce, ne le mettait en
mesure d'y suffire? En définitive, l'Apôtre
n'est autre chose que l'instrument même
de Dieu pour nous établir dans la lumière
de foi. Or, la foi, Dieu seul sans doute peut
la communiquer ; elle est comme le rayonnement de sa face en nos âmes ; mais il a
dit lui-même : *Fides ex auditu* (3) : la foi,
qui ne naît que de Dieu, c'est vrai, pourtant
nous viendra à travers ce que nous aurons

---

(1) *Sancti Pauli Ep. ad Corinth.*, cap. i, v. 1.
(2) *Sancti Pau'i Ep. ad Rom.*, cap. i, v. 1.
(3) *Ibid.*, cap. x, v. 17.

entendu, à travers la parole de celui que
Dieu aura choisi, aura constitué lui-même
son témoin. Si cette grâce n'est pas faite,
si vous ne trouvez pas, à un moment
donné, au milieu de vous, l'être qui aura
conscience que Dieu l'a pris ainsi, qu'une
œuvre à part l'attend, œuvre divine qui a
droit sur toutes les activités de sa pensée,
toutes les énergies de sa volonté, toutes les
ardeurs de son âme, si vous ne trouvez pas
l'être qui se lève conscient qu'une telle
richesse est en lui, vous n'aurez pas
l'Apôtre.

Mais si un tel homme se rencontre ; si
tout à coup un enfant, un fils de l'homme
comme les autres, sent son âme tout émue
sous la bénédiction qui lui a été faite ; s'il
comprend que les voies où les autres
marchent, si bonnes, si parfaites d'ailleurs
qu'elles soient, ne peuvent plus être les
siennes ; s'il se sent la proie de Dieu et
la proie des âmes auxquelles Dieu le des-
tine ; si toute sa vie est gouvernée par le
besoin de comprendre le témoignage qui

lui est confié et de le rendre en sa plénitude, alors vous avez l'Apôtre.

Eh bien, c'est la grâce qui fut faite à
notre père saint Dominique.

*
* *
*

Voulez-vous, maintenant, que nous nous
demandions comment cet « appelé » de
Dieu va se préparer à sa mission? Vous le
devinez déjà, n'est-ce pas? Puisqu'il est un
témoin de la vérité divine, puisqu'il ne fera
autre chose que de redire, en la mesure où
des lèvres humaines peuvent le faire, la
plénitude du témoignage du Christ, évidemment avant tout, il lui faut comprendre
tout ce que Jésus-Christ est venu nous dire.

Comment cette science va-t-elle s'établir
en lui? Jésus-Christ y a pourvu. Grâce à
lui, l'Église a vu se succéder, tout le long
des siècles, au milieu de ses fils, des êtres
admirablement initiés, des Docteurs. Eh

bien, l'enfant dont je viens de vous parler
ira à ces maîtres; il se constituera leur dis-
ciple; il restera près d'eux longtemps,
recueilli, silencieux, à la fois humble et ardent, ne trouvant jamais que la tâche est
trop rude et tout heureux des efforts qui lui
sont demandés. Dieu sait si nous avons peur,
nous, de ces efforts. Nous aimons sans
doute à savourer le fruit mystérieux qui naît
en nos âmes quand enfin nous avons communié à Dieu, quand nous l'avons rencontré
un peu intimement; mais, malgré cette ex-
périence de la suavité des choses divines,
chaque fois qu'il faut y revenir, notre pensée défaille; d'aussi rudes activités l'épou-
vantent. Eh bien, l'Apôtre ne doit pas con-
naître ces frayeurs-là. Il faut que toute sa
jeunesse soit consacrée à pénétrer la science
du mystère de Dieu; il faut qu'il se laisse
prendre comme par la main et conduire par
son maître sur tous les sommets de la phi-
losophie et de la théologie du Christ; il faut
qu'il pénètre la formule profonde qui définit
chacun de ces hauts sommets et les met

en lumière. Puis, quand il aura suivi le
maître ainsi, voici tout à coup comme une
immense clarté qui se fait devant lui : tous
les siècles s'entr'ouvrent. Avant la minute
où il est né, d'autres âmes avaient passé,
et voici, toujours conduit par son maître,
qu'il remonte vers elles ; il trouve les grands
Docteurs ; il trouve les Pères de l'Église ;
il trouve les saints surtout, ceux qui ont
fait mieux que comprendre, ceux qui ont
vécu les grandes choses qu'il essaie de pénétrer. Et ainsi, jaillissant de la face des
Docteurs, et de la face des Pères de l'É-
glise, et de la face des saints, la lumière
divine, le sens des choses divines grandis-
sent en lui. Il arrive au premier siècle,
aux Livres sacrés, au texte inspiré par l'Es-
prit-Saint, au Verbe même de Dieu laissé
là pour nous ; il arrive à saint Paul, aux
Évangélistes, aux Apôtres. Et tous, et les
Évangélistes, et saint Paul, comme, du
reste, tous ceux avec lesquels il était entré
en contact tout le long des siècles, tous
l'amènent enfin aux pieds du Maître divin,

du Christ Jésus. Quel moment que celui-
là! Les grandes sources sont désormais
ouvertes pour lui! C'est l'heure, mes Frères,
où tout commence pour une âme d'Apôtre.
Eût-il pénétré tout ce que contiennent les
œuvres des Pères de l'Église et des plus
grands Docteurs, eût-il appris toutes les
formules que le maître a pu lui répéter, s'il
s'en tenait là, il n'aurait pas l'accent de
l'Apôtre; il n'aurait pas ce cri plein de vie
qui avertit ceux qui l'entendent que quelque
chose est là dont ils ont besoin, qu'ils n'ont
pas en eux-mêmes et n'ont pu trouver
nulle part, les *verba vitæ æternæ*, les mots
de l'éternelle vie, la science pleine, totale
du Dieu vivant. Eh bien, pour l'avoir, cet
accent, ce cri de vie qui attire, qui sauve,
pour avoir la parole d'un saint Paul, pour
avoir la parole d'un saint Dominique, quand
ces longues étapes que j'ai dites ont été
franchies, il faut faire comme si rien n'avait
été fait encore; il faut reprendre en sous-
œuvre toutes ces études, il faut gravir à
nouveau tous ces hauts sommets, mais,

cette fois, aux pieds du Maître divin. « Vous
» n'avez qu'un Maître, un seul Maître : c'est
» Jésus-Christ (1). — Personne n'a jamais
» vu Dieu, sauf un seul, l'unique engendré;
» celui-là qui est au sein du Père; lui seul
» a pu le raconter (2). » — Et cela demeure
son œuvre propre. « Je vous ai fait con-
» naître, ô mon Père, et je vous ferai con-
» naître encore (3). » — Entendez saint
Paul : « Que le Christ habite en vous, par
» la foi, au plus profond de vos cœurs. » Et
pourquoi?... Afin que « vous puissiez com-
» prendre, sous le rayonnement de sa face,
» sous son action mystérieuse, mais vi-
» vante, mais réelle, que vous puissiez
» comprendre quelle est la largeur, quelle
» est la longueur, quelle est la sublimité,
» quelle est la profondeur du mystère divin,
» surtout afin que vous puissiez entendre
» ce qui surpasse toute science, ce qui

---

(1) *Sancti Matt. Ev.*, cap. xxiii, v. 10.
(2) *Sancti Joann. Ev.*, cap. i, v. 10.
(3) *Ibid.*, cap. xvii, v. 26.

» achève tout dans une pensée, dans une
» âme d'homme, que vous puissiez com-
» prendre ce à quoi toute la révélation
» aboutit : la charité du Christ ; et que,
» ce jour-là, vous soyez comblés selon
» toute la plénitude de Dieu (1). »

C'est ainsi que les textes sacrés nous
exposent la splendeur des mondes qui ont
été constitués pour nous par le Christ.
Tout cela est dit pour tous assurément ;
mais, plus qu'aucun autre, les Apôtres ont
mission et devoir de l'entendre, puisque
c'est précisément à toute cette richesse
qu'il leur faut initier quiconque les ap-
proche. Oui, c'est toute cette plénitude,
c'est toute cette largeur, toute cette longueur, toute cette sublimité, toute cette
profondeur ; oui, c'est cette science qui
surpasse toute science, c'est le battement
même du cœur de Dieu qu'il leur faut dire
à tous, et comment le dire, s'ils n'ont

---

(1) *Sancti Pauli ad Eph.*, cap. iii, v. 16-19.

senti en quelque sorte le cœur de Dieu
battre pleinement en leur propre cœur?
Au fond, la seule science qui sauve, c'est
la science de l'amour de Dieu. Tant qu'on
ne m'a pas dit que Dieu m'aime, tant qu'on
ne m'a pas dit à quel degré il m'aime, je suis
encore dans les ténèbres. Est-ce que saint
Jean ne vous crie pas cela à toutes ses
pages? Eh bien, qui va me dire que Dieu
m'aime ainsi? Qui va me dire cette note
qu'aucun maitre humain n'a jamais pu de-
viner, n'a jamais su pressentir, qui va me
dire que Dieu m'aime ainsi et que c'est
vrai qu'il m'aime ainsi? C'est celui qui sera
venu aux pieds du Maitre unique, c'est
celui qui aura entendu prononcer au
dedans de son àme le mot de l'éternité,
le mot mystérieux, vivant, qui se prononce
en Dieu. L'unique engendré qui est au
sein du Père, le seul qui sache ce mystère,
est venu nous le raconter. L'Apôtre ira
à lui : mieux que saint Pierre au Tha-
bor, il fixera près de lui sa tente ; il s'y
tiendra chaque jour plus attentif, plus

2

pénétré, plus joyeux des clartés reçues.
N'est-ce pas l'histoire de saint Paul, et
n'est-ce pas l'histoire de saint Dominique?
Les premières études, Dominique les avait
faites assurément. Dans l'Université de la
ville de Palencia, il avait comme étonné
ses condisciples et ses maîtres par
l'énergie, par l'âpreté de ses efforts
pour entendre les leçons qu'on y donnait.
Nous avons peu de documents sur cette
époque de la vie de notre père. L'un d'eux
pourtant jette un singulier jour sur sa
passion maîtresse pour l'étude. Une famine
était survenue. Elle fut terrible aux pauvres
comme toujours. Dominique donna tout
ce qu'il possédait, et, un matin qu'il n'avait
plus rien, à la stupeur de ses condisciples
et de ses maîtres, il vendit ses livres!
C'était donner plus que lui-même. En ce
temps-là les manuscrits étaient rares et,
par cela même, combien précieux! Ses
amis s'étonnèrent du sacrifice accompli.
« Comment voulez-vous, répondit le saint,
» que j'étudie sur des peaux mortes d'ani-

» maux quand, en les vendant, je peux
» sauver de la mort les pauvres gens qu'elle
» menace autour de nous? » L'émotion
créée dans l'Université par l'héroïsme du
jeune étudiant fut telle que tous, pris du
besoin de l'imiter, s'ingénièrent pour se-
courir la détresse universelle et finirent
par en triompher.

Dominique eut donc le goût passionné
de l'étude ; mais déjà on le trouvait dans
les églises. Quand il était lassé, surmené
des efforts intellectuels connus pour pénétrer la pensée des maîtres vivants, il allait
se recueillir, se revivifier au pied des autels,
et là, dans l'intimité du Christ Jésus que,
dès la première heure, il avait compris,
adoré comme le Maître unique, Dominique achevait dans la lumière divine elle-
même l'initiation commencée sous la parole humaine.

Plus tard, en France, dans les plaines du
Languedoc, vous savez comme il saisit par
l'intimité de son union avec Dieu tous
ceux qui le connurent, tous ceux qui prê-

chaient avec lui notre peuple menacé par
l'hérésie albigeoise.

Et, quand il eut fondé son Ordre, c'est
toujours dans la prière, saint Paul et l'E-
vangile aux mains, qu'on le trouve. Quand
il se rend d'une ville à une autre ville, il ne
s'en va pas dans le bruit, dans l'agitation
vaine de la pensée, causant de choses inu-
tiles ou humaines ; il s'en va méditant ce
qui le rapproche le plus directement du
Christ, les mots mêmes dits par Lui, les
œuvres divines qu'il a faites. L'Evangile
est entre ses mains ; tout à coup il le ferme,
il lui semble que le Christ Jésus est là devant lui... Il faut lire dans le Père Lacordaire, qui a écrit cette page pendant les
intimités saintes de son noviciat et qui a
su pénétrer si magnifiquement l'âme de
notre père, il faut lire comment le saint
s'arrêtait tout à coup comme succombant
sous la vision qui lui était faite, et comment, avec des paroles tout enflammées,
il disait son adoration, son action de
grâces au Maître divin qui le visitait de la

sorte. Ah! comme il pénétrait le « mystère du Christ! » Comme il entrait au plus secret de sa pensée! comme il lisait au plus profond de son cœur! comme il apprenait cette science qui surpasse toute science : la « science de la charité », qui fut au cœur du Christ pour nous! Ses premiers historiens nous racontent que déjà, à Palencia, il faisait une prière entre toutes, il demandait à Notre-Seigneur de lui révéler son infinie charité pour nous, comme si déjà, tout enfant, il pressentait que là était la richesse suprême. Plus tard, quand il fut fondateur d'Ordre, ce fut encore sa prière, sa prière de jour et sa prière de nuit. Vous vous rappelez : le soir, rentré au couvent, si brisé qu'il fût par ses prédications ou ses courses, il assistait à l'office comme les autres ; puis, quand ses frères allaient au repos, lui restait enfermé mystérieusement dans l'église ; son corps parfois succombait aux fatigues, mais il n'entendait pas lui accorder merci ; afin de le tenir éveillé, il allait d'un autel à un

autre autel, et, tout le temps, il priait et
contemplait, sa pensée comme perdue en
la pensée du Maitre divin. Qui dira les
recueillements saints, les vues magnifiques
de son âme sur tout ce qui remplit, pas-
sionna l'âme du Christ? Aussi, le lendemain, quand il allait prêcher aux foules, ou
lorsque, dans l'intimité, il parlait à ses
filles ou à ses fils, les âmes tressail-
laient, tant son verbe rappelait le Verbe
divin lui-même; tant il créait en elles de
de la vie, de la clarté et les éveillait à
une plénitude de sens divin qu'elles
n'avaient pas soupçonnée jusque-là.

*
* *
*

Est-ce tout, mes Frères? et cette forma-
tion, par l'étude incessante, d'une intelli-
gence qui ne se lasse jamais de l'effort,
si prolongé qu'il puisse être, et ce travail
d'une âme qui, à force de recueillement,

de silence, essaie d'entendre tout ce qui
se prononce en Dieu, tout cela nous don-
nera-t-il l'idée d'une âme d'Apôtre? — Nous
venons de le voir aux prises avec Dieu;
il nous reste à l'étudier en regard des
âmes auxquelles Dieu l'a destiné. Jésus-
Christ n'a pas été seulement un con-
templatif du mystère divin. Évidemment
sa vision a dépassé tout ce que, sur terre,
nous en pourrons jamais comprendre.
Mais sous son regard, en même temps
que le mystère éternel de Dieu, il y avait
les âmes que Dieu aimait. Pourquoi ou-
blions-nous parfois leur beauté native et
la pitié attendrie de Dieu sur la misère
originelle qui les tient captives? Jésus
Christ, Lui, s'en est souvenu toujours.
En même temps qu'il adorait son Père
et se tenait en son extase infinie, immuable, il prenait toutes nos âmes, et
les enveloppait de prières ; sa supplication
pour nous n'a jamais cessé et, jusqu'à la
consommation finale, chacun des fils de
l'homme pourra y appuyer sa faiblesse.

Avant de mourir, il a dit : « Je vous prie
» pour eux, ô mon Père (1). » Et quand il est
remonté au ciel, saint Paul nous avertit
qu'il y a emporté les stigmates saints des
clous de sa passion, tous les signes des
blessures reçues pour nous. Pourquoi ?
Afin d'être là « *semper vivens ad interpel-*
» *landum pro nobis* (2). » Pas un fils de la
race humaine qui ne soit sous cette prière
infiniment active et efficace de notre Maître
et Seigneur Jésus-Christ.

Eh bien, l'Apôtre doit communier à ces
états d'âme du Christ. Après avoir essayé
de contempler le mystère de Dieu en lui-
même, autant que, porté par la vertu
ou la parole du Christ, il y peut pénétrer, l'Apôtre doit revenir par la pensée
à toute cette race humaine qui l'attend,
pour laquelle Dieu le prépare, et, avant
même d'entrer en contact avec elle, avant
toute parole, il doit tenir son âme

---

(1) *Sancti Joan. Evang.*, cap. xvii, v. 9.
(2) *Sancti Pauli ad Hebr.*, cap. vii, v. 25.

ardente à la prière pour tous et chacun de
ceux auxquels il sera envoyé. S'il n'avait
pas cette charité sainte, s'il n'avait pas ce
cri profond, vivant, incessant en son âme
pour tous ceux auxquels on l'enverra,
croyez-vous, mes Frères, que, le jour de
l'action venu, il aurait l'accent de l'Apôtre ?
Croyez-vous qu'il serait un témoin dans
la forme où il faut qu'il le soit, un témoin
comme Jésus-Christ même l'a été ? Non, il
faut pour cela que, jour et nuit, son cœur,
comme celui du Christ, se soit dilaté dans
la charité qui le presse et dans une prière
qui ne s'arrête jamais.

Eh bien, c'est ce qu'a fait notre père
saint Dominique, et ce qui vous explique
ces longues journées et ces nuits sans fin
occupées à prier, à prier pour ceux qui
doivent l'entendre le lendemain ou pour
ceux que sa parole avait remués le jour
même. Il fallait bien que l'œuvre de Dieu
s'achevât et que tout son vouloir eût ainsi
en eux sa pleine réalisation ! Comme saint
Paul, Dominique eût pu dire : « *Non cesso*

» *gratias agens, memoriam vestri faciens in*
» *orationibus meis* (1) ; je ne cesse pas de
» rendre grâces à Dieu et de vous offrir à
» Lui en toutes mes prières. »

✢
✢   ✢
✢

Cette fois, l'Apôtre est-il définitivement
formé ? — Il reste, mes Frères, un dernier trait à ajouter. Comme à Jésus-Christ
même, il lui faut une autre passion sainte
qui achève de le préparer à sa mission.
Jésus-Christ nous a vus ce que nous étions ;
il nous a vus sortant tous du péché, et il
nous a vus, hélas! y rentrant bien souvent.
Nous sommes nés dans le péché, et il
semble que rien ne puisse nous faire oublier cette origine. Le goût des choses divines ne nous prend que peu à peu, lentement, et que de fois il arrive que nous

---

(1) *Sancti Pauli ad Ephes.*, cap. i, v. 16.

nous refusons à ces souffles meilleurs qui
feraient en nous la délivrance profonde
de l'âme! Eh bien, en regard de cette vision douloureuse qui lui montre toutes les
âmes sous le péché, et celles qui com-
battent sur terre, et celles qui souffrent au
Purgatoire, à l'imitation de Jésus-Christ,
qui s'est jeté comme avec une furie d'a-
mour entre Dieu et nous pour nous couvrir
de son expiation sanglante, l'Apôtre doit
payer de sa personne. C'est pour cela que,
chaque nuit, saint Dominique, à trois reprises, se disciplinait jusqu'au sang. Une
de ces disciplines était pour lui, pour ses
propres péchés, disait-il; une autre était
pour l'Eglise qui expie au Purgatoire; la
troisième enfin, pour l'Eglise qui souffre et
lutte sur terre. Toute sa vie, du reste,
n'était qu'une souffrance continue, mais
portée si vaillamment, si joyeusement!...
Et comme au milieu de ces fatigues et de
ces sacrifices incessants, son âme demeurait
dans la sérénité et dans la paix! Un jour,
un hérétique l'avait conduit malicieusement

avec ses compagnons à travers des che-
mins pleins d'épines ; ses compagnons se
prirent à gémir sous l'excès de la souffrance ; lui s'en allait tout joyeux et chantant. Pourquoi ? Est-ce qu'il ne sentait pas
les blessures ? Eh ! si, tout comme les
autres. Et son âme était joyeuse, pourquoi ?
C'est qu'on venait de lui mettre ainsi entre
les mains l'instrument béni de l'expiation :
il pouvait faire, et plus magnifiquement
encore, l'œuvre tant aimée ; il pouvait couvrir toutes ces âmes vers lesquelles il allait
de ce sang qu'on l'obligeait à verser, et son
cœur ne pouvait contenir sa joie. Une autre
fois il arriva, chantant toujours ses can-
tiques à Dieu, près d'un groupe qui l'atten-
dait pour le tuer. Ils furent si saisis de la
paix, du rayonnement de sa face, que
les armes leur tombèrent des mains. Pourtant ils s'approchèrent et ils lui dirent :
« Qu'auriez-vous fait si nous avions réalisé
notre dessein ? — Ah ! ce que j'aurais fait ?
Je vous aurais priés de me couvrir de blessures sur tous les points où la vie ne peut

être atteinte, de me couper en morceaux,
si vous l'eussiez voulu, mais à condition de
n'atteindre les sources de la vie que lorsque
tout mon corps n'eût été qu'une plaie. »
Et pourquoi, pourquoi, dites, cette passion
de souffrir, pourquoi ces mots étranges?
Allez aux pieds du Christ en croix, mes
Frères ; si cela vous parait folie chez Dominique, c'est folie aussi chez le Christ Jésus!
Mais ces folies-là, c'est l'expiation dont
nous avons tant besoin, vous comme moi ;
ces folies-là sauvent le monde. Nous
sommes misère et péché, n'est-il pas vrai,
et nous avons besoin qu'une expiation in-
tervienne. Personnellement, nous avons si
peu de goût pour la pénitence, nous
sommes si lents à partir du côté de Dieu,
nous subissons tant d'entraves et parfois
nous les aimons tant! Les saints, eux, ne
veulent pas de ces entraves pour aucun de
ceux auxquels Dieu les envoie, et, quand
leur parole n'y suffit plus, eh bien, comme
le Christ, ils vont à la croix, et, comme lui
encore, ils aiment jusqu'au sang. Est-ce

qu'ils ne sont pas la chose du Christ? Est-
ce qu'ils ne sont pas la proie des âmes
auxquelles Il les a destinés? Est-ce que,
avant tout, ils n'ont pas une œuvre sainte
à faire, ils n'ont pas à rendre témoignage
à la vérité, à la vérité suprême, qui est
l'amour que Dieu a pour notre race? Est-
ce qu'il n'importe pas de faire comprendre
cela, de rapprocher ces deux cœurs, le
cœur du Père qui est aux Cieux et le cœur
de ceux qui, jusque-là, ne l'ont pas su
comprendre? Faire cela, n'est-ce pas toute
leur œuvre? Qu'importe qu'il faille y mettre
tout son sang! Qu'importent les souffrances,
pourvu que le témoignage soit rendu!

*
* *
*

Cette fois, mes Frères, vous avez enfin
l'Apôtre, l'Apôtre vraiment formé dans la
vertu du Christ; vous avez celui que rien
n'arrêtera : « Qui me séparera de la charité

« du Christ?(1) », celui qui peut défier toutes
choses, qui peut défier la persécution et le
glaive, qui peut défier la faim et le froid,
qui peut défier les plus mauvaises passions
des hommes : rien ne pourra contre lui.
Pourquoi ? Ne voyez-vous pas qu'il est entré
comme au plus profond même du cœur du
Christ ? Ne voyez-vous pas qu'un être qui a
communié à Jésus-Christ à ce degré peut
répéter le mot de saint Paul : « *Vivo, jam*
» *non ego, vivit vero in me Christus* (2) ? »
C'est le Christ qui le porte. Les mots de
saint Paul ne sont pas des formules vides ;
ces mots étranges contiennent la réalité
sainte, telle qu'elle est pensée, telle qu'elle
est voulue en Dieu même. Il sait cela, et,
sachant cela, cet être a des audaces su-
perbes. S'il y a des contradictions, s'il y a
des menaces, si l'horizon est sombre,
qu'importe, pourvu que, jusqu'à la minute

---

(1) *Sancti Pauli ad Rom.*, cap. viii, v. 25.
(2) *Sancti Pauli ad Galat.*, cap. ii, v. 20.

marquée par Dieu, il rende pleinement le
témoignage qu'on attend de lui.

Tel fut bien, mes Frères, l'apostolat de
notre père. Vous savez quels en furent
l'éclat et la puissance. Avant lui le mal
semblait sans remède. Ceux qui avaient
tenté de lutter étaient plus ou moins déses-
pérés. Dominique parait. La bénédiction de
Dieu est sur lui visiblement ; les cœurs se
relèvent ; sa foi ardente conquiert, délivre
les âmes. Là où la parole n'eût pas suffi,
Dieu donne à son serviteur la puissance irrésistible du miracle. C'est bien la vertu de
Dieu qui passe. Bientôt quelques-uns de
ceux qui l'ont approché se sentent plus
remués encore et ne comprennent pas que
la vie soit désormais possible pour eux loin
de lui. Ils viennent lentement d'abord, un
par un ; puis tout à coup la sève éclate : un
épanouissement de vie prodigieux se fait.
Quand il meurt en 1221, c'est par centaines
qu'il peut compter ses fils, et c'est à tous
les points du monde connu qu'il peut leur
envoyer sa bénédiction suprême. Ils sont en

France, en Espagne, en Italie, en Alle-
magne, en Pologne et jusqu'aux confins du
monde tartare. Et ils y sont, par un miracle
plus prodigieux que tous les autres, l'âme
trempée des mêmes passions que la sienne ;
en tous leurs couvents les cœurs sont pleins
du même esprit, de la même ferveur,
de la même foi profonde, invincible dans
l'œuvre qui leur est confiée. Et grâce à eux,
grâce aussi à nos frères, nés à la même
heure, aux fils de saint François, la face
du monde catholique est renouvelée et
l'Église du Christ triomphe.

*
* *
*

Cette vertu qui fut en notre père et en ses
premiers fils, elle est entre nos mains, mes
Frères. Nous en sommes responsables devant Dieu et devant l'Eglise. Le témoignage
qu'ils ont rendu, le rendrons-nous comme
eux ? Si nous savions, comme saint Domi-

nique, comme nos premiers Pères, comme
saint Paul jadis, que « le Verbe de Dieu ne
peut être enchaîné (1) »; si, comme eux,
nous avions l'âme pleine de la vertu divine,
est-ce qu'on n'entendrait pas, de par le
monde, ces cris qui réveilleraient les plus
endormis? Est-ce que l'Apôtre, à l'heure
actuelle, ne deviendrait pas, et vite encore,
le véritable maître des peuples qui n'en
peuvent mais sous la misère en laquelle
on les tient? Qui pourrait nous arrêter,
dites? Est-ce que ceux qui marchent contre
nous ne sont pas pleins de tremblements?
Quand vous avez essayé de les définir, de
définir leurs procédés, leurs formules, leurs
mœurs de combat, par conséquent tout leur
état d'âme, qu'avez-vous trouvé pour dire
tout ce que vous en pensiez? Vous avez
dit : Ce sont des opportunistes! Qu'est-ce
que cela veut dire, sinon que ces hommes
n'ont pas foi dans l'œuvre qu'ils font; ils
sont inquiets; ils se demandent dans quelle

---

(1) *Sancti Pauli ad Tim.*, cap. ɪɪ, v. 9.

mesure on subira leur joug. Les réactions leur apparaissent toujours menaçantes. Si on allait se révolter, se cabrer violemment? Si, çà et là, d'un bout à l'autre du pays, de braves cœurs allaient protester et dire : On ne passe pas!... Et ils tremblent, et les formules de combat s'atténuent. Selon les lieux, les mots ne sont plus les mêmes mots, les actes ne sont plus les mêmes actes. Cela est écrit encore en certaines lois; mais voyez, cela ne s'exécute plus. Pourquoi? Parce qu'ils ont peur. Je maintiens que, pour beaucoup de ceux qui nous attaquent, c'est l'état d'âme habituel : ils ont peur de ce qu'ils vont faire. Grâce à l'œuvre du Christ, grâce à ces dix-huit siècles de sens chrétien qui nous ont pétris, il y a trop de lumière dans la conscience des peuples pour que, quand on fait certaines choses, on ne sente pas qu'elles ne devraient pas être faites!

Et à côté de ce groupe-là qui est, à l'heure actuelle, le seul groupe militant, qu'y a-t-il? Il y a toute une jeunesse tra-

vaillée mystérieusement du besoin de rentrer dans la vie ; il y a toute une jeunesse
dont l'amour-propre n'est pas lié à la con-
servation des formules de négation et de
combat contre le Christ ; une jeunesse, au
contraire, qui entend bien n'être pas
esclave des théories inventées par ses pré-
décesseurs ; et, comme toutes les étapes ont
été marquées, comme on ne peut plus faire
un pas du côté de la négation, comme on
est littéralement au pied du mur, il faudra
bien, sous le frémissement saint qui les a
pris, sous le besoin de vivre qui les a
saisis, il faudra bien qu'ils se retournent
vers un autre point de l'horizon. Si, à
cette heure-là, qui est vraiment l'heure de
Dieu, si nous arrivions avec le cri de Dominique, si nous arrivions avec le cri de saint
Paul, avec le cri de notre Seigneur et Maître
Jésus-Christ, car nous pouvons dire ce mot
qui semble si audacieux : c'est *son Verbe*
qu'il nous faut redire, son cri à Lui, qu'il
faut faire entendre, pas moins ; si nous
jetions ce cri, dites, est-ce que vraiment

vous croyez qu'on ne l'entendrait pas, et
que nous ne ressaisirions pas ce peuple qui
ne s'en va loin de Dieu que parce qu'il ne
le connaît plus? Et, alors, le rapprochement
des cœurs se ferait sous la lumière sainte
qui passerait sur tous, sous la charité divine du Père commun qui est aux Cieux
comprise à nouveau, sous la bénédiction
du sang et de la vivante prière du Christ.
Nous nous reprendrions à croire à nous, à
nous sentir vraiment un même et grand
peuple, une famille d'âmes enfermées en
des mêmes frontières, frontières morales
autant que matérielles, et reprises enfin de
la passion sainte qui, tout le long des
siècles, avait tenu les meilleurs d'entre
nous, la passion qui fait les dévoués, les
dévoués à Dieu jusqu'au sang, s'il le faut,
et les dévoués à leurs frères, par suite,
jusqu'au sang également, s'il le faut.

Voilà l'œuvre apostolique, mes Frères,
et comment notre père saint Dominique l'a
comprise et réalisée par toute sa vie.

Demandez que ses fils retrouvent au

fond de leur âme quelque chose de la vertu
puissante qui fut dans l'âme de leur père.
Il en fut ainsi en notre siècle du premier
d'entre nous, de celui auquel nous devons
d'être. Lui avait retrouvé la flamme sainte,
la passion profonde ; il avait retrouvé ce cri
qui triomphe de tout en ceux qui l'entendent. Le Père Lacordaire, on parle toujours
de son génie, de son éloquence... Eh ! oui,
il avait un verbe d'une prodigieuse puissance. Mais pourquoi ? Ah ! parce que, avant
tout, ce fut un sincère ; parce que, avant
tout, il avait compris ce que Dieu voulait de
lui, et, pour lui, quand Dieu avait parlé, il
n'acceptait pas qu'on pût l'oublier jamais.
Je ne l'ai entendu que deux fois. La première, ce fut pour nous dire : « Ne mettez
» pas la main à la charrue, si vous voulez
» retourner en arrière. » — La seconde,
c'était sous l'émotion que lui causait la
défaillance d'un de ses fils qui venait de
nous quitter pour rentrer dans le monde.
J'entends encore la vibration de sa parole
quand, amenant Jésus-Christ en scène, il

nous montra tout ce qu'il avait donné
à cette âme de moine, de frère prêcheur. A
la pensée qu'il avait pu se reprendre, qu'il
n'avait pas su porter la gloire qui lui avait
été faite, le Père eut des cris si magnifiques,
où sa passion pour le Christ éclatait si do-
minatrice, si souveraine que littéralement
nos âmes en vivent encore. Pourquoi? Parce
que, encore une fois, c'était un sincère.
C'est ce cri sincère qu'on entendit à Notre-
Dame, qui jaillit partout de son cœur et de
ses lèvres, et fit de lui cet astre, glorieux
entre tous en notre siècle, dont la lumière,
Dieu merci, dure encore, éclaire toujours
notre horizon. Combien d'âmes vivent aujourd'hui sous le reflet de son âme ; de son
âme, hélas, unique au milieu de nous ! et
que pourtant il faut reproduire, parce que
notre vocation l'exige, parce que c'est la volonté positive de Dieu sur nous. Beaucoup,
assurément, ne pourront le continuer dans
l'éclat de sa puissance oratoire et de son
génie, mais cela, c'est secondaire, je dirai :
ce qui fit irrésistible la parole du Père La-

cordaire, ce fut, avant tout, sa communion au Christ, la sainteté, la profondeur, la sincérité constante de cette communion. Eh bien, il faut que sur ce terrain tous, du premier jusqu'au dernier, nous soyons bien ses fils. Priez avec nous, mes Frères, pour que notre père saint Dominique et notre père Lacordaire soient bien vraiment nos *Pères* aimés, vénérés, obéis, imités toujours.

Amen.

SAINT-CLOUD. — IMPRIMERIE BELIN FRÈRES.